U0258472

通识学院

101 Things I Learned in Product Design School

关于产品设计的101个常识

〔美〕张诚 (Sung Jang)　〔美〕马丁·泰勒 (Martin Thaler)　〔美〕马修·弗雷德里克 (Matthew Frederick) 著　潘沛 译

中信出版集团 | 北京

图书在版编目（CIP）数据

关于产品设计的 101 个常识 /（美）张诚，（美）马丁·泰勒，（美）马修·弗雷德里克著；潘沛译 . -- 北京：中信出版社，2023.10

（通识学院）

书名原文：101 Things I Learned in Product Design School

ISBN 978-7-5217-5265-6

Ⅰ . ①关… Ⅱ . ①张… ②马… ③马… ④潘… Ⅲ . ①产品设计－基本知识 Ⅳ . ① TB472

中国国家版本馆 CIP 数据核字（2023）第 143713 号

关于产品设计的 101 个常识

著　者：[美]张诚　[美]马丁·泰勒　[美]马修·弗雷德里克
译　者：潘沛
出版发行：中信出版集团股份有限公司
　　　　　（北京市朝阳区东三环北路 27 号嘉铭中心　邮编　100020）
承 印 者：北京盛通印刷股份有限公司

开　　本：787mm×1092mm　1/32
印　　张：6.5
字　　数：78 千字
版　　次：2023 年 10 月第 1 版
印　　次：2023 年 10 月第 1 次印刷
京权图字：01-2019-7272
书　　号：ISBN 978-7-5217-5265-6
定　　价：48.00 元

作者序

你拿起这本书，有可能是因为你正在学习产品设计，有一个产品创意，或者只是对产品如何构思、制造、营销和销售感兴趣。

产品设计是一个广阔的领域。产品无处不在，满足不同的需求，在高度多变的情境中发挥作用，并回应迥异的审美感受。在如此广泛的领域内，设计成功的关键在于核心原则这一基础。根据我们的经验，这些原则在设计课程中往往未被阐明。因此，在这本书中，我们用通俗易懂的语言和简单的图画，展现一些通用依据、哲理基础和技术要领，帮助你进入这个复杂而迷人的领域。我们希望这本书能让你成为更有见地的设计师，并且成为你反复翻阅的读物。

张诚、马丁·泰勒

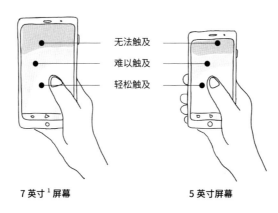

无法触及

难以触及

轻松触及

7 英寸[1] 屏幕　　　　　5 英寸屏幕

---

[1]　1 英寸 =2.54 厘米。——编者注

设计是一种身体行为

设计需要深刻的反思，但不能以纯粹的认知（思维）模式进行设计。积极行动有助于我们弄清要思考的内容。否则，我们只会考虑自身已知的事物。

所有的设计都与身体有关，甚至虚拟/数字产品也要通过视觉界面、触摸屏和点击设备来调动身体，所以必须用身体进行设计。在设计过程中侧重考虑行为因素，将你的身体当作一种工具。执行用户体验。假装按下按钮。操作控制屏。像真正的椅子使用者那样坐在椅子原型上。

吸引　　　　　进入　　　　　参与　　　　　离开　　　　　衍生

拉里·基利的 5E 用户旅程模型

你总是在一个系统内进行设计

系统是一系列相互关联的事物，每个事物彼此相关，且相互依存。在设计任何东西时，都要在与产品相关的众多系统之中多发散思考几个层面。如果设计一款纸杯，就要调查相关的制造、分销、零售和使用系统。如果设计一款电子设备，就要考虑它可能所属的复杂的数字生态系统。斟酌产品的时序情境，即产品激活前后的使用次序和用户行为。要考虑到支持一款新产品可能需要的基础设施；在真实世界中，如果脱离了支持系统，再好的创意也不能被称为好创意。

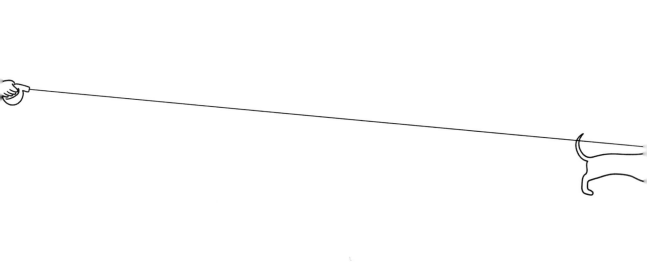

显而易见的问题或许不是真正的问题

显而易见的问题通常是一个潜在的宏大问题的表征，有时还是一个截然不同的问题的表征。例如，你可能会被要求设计一个更好的狗粪铲，因为人们不会跟在狗后面捡狗粪。我们可以合理地假设，这可能是由于人们不想冒险接触粪便。但研究可能表明，狗主人只是在遛狗时忘记带拾便袋。一个新的铲子无法解决这个问题，所以这个问题必须被**重新定义**为在遛狗者需要的地方放置拾便袋，它可能在牵狗绳的手柄内，在遛狗乐园的分发器里，或者在城市街道的关键位置。

如果问题太抽象，问"是什么"；如果问题太具体，问"为什么"。

太抽象：你被要求缩短客户服务的响应时间，但没有被告知有哪些做法、程序、设备等等，以及哪些是重点。

问"是什么"：这个问题的有形证据是什么？客户之前做了什么来解决这个问题？员工做这些工作的具体目标是什么？他们使用了什么程序和设备？哪些是不可或缺的，哪些是不必要的？

太具体：你被要求设计一盏自行车前灯。

问"为什么"：为什么需要一盏新的灯？是为了让骑行者看清自己往哪骑吗？是为了让骑行者更容易被看见吗？是针对特定类型的自行车或骑行环境吗？是基于新的电池技术吗？是因为该公司现有的设计过时了吗？

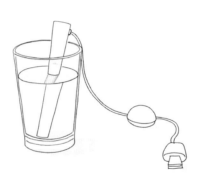

Jaywayne 公司的 USB 冷雾加湿器

"需要"是一个动词

　　人们不需要花瓶，需要的是展示和欣赏鲜花。人们不需要茶杯，需要的是喝茶。人们不需要椅子，需要的是休息。人们不需要灯，需要的是照明。人们不需要加湿器，需要的是增加空气湿度。人们不需要水瓶，需要的是在移动时喝点液体。人们不需要停车场，需要的是存放汽车。人们不需要图书馆的书架梯，需要的是获取信息。

小型光盘

次级产品

食品

咖啡豆

咖啡

随行杯

核心产品

马克杯

识别产品的体验，而不仅仅是产品本身。

每款产品都有一个或多个超越产品本身的核心体验。山地自行车的核心体验可能是骑行，但它也可以是探索户外，接受身体挑战，或是逃离日常工作。识别核心体验可以厘清用户的动机和需求。这不仅能带来更好的设计响应，而且能为同样的用户开发次级产品，如雨具、应急工具和高营养零食等。这些产品可能会培养用户对核心体验的进一步兴趣，并提高他们对该产品品牌的依赖度。

独创性不是设计的第一步

独创性并非从独创性本身，而是从培养基本能力开始。模仿大师的作品将培养你的视觉意识和肢体技能，并帮助你了解事物的基本运作方式。对于任何一项训练，都要设定一组小范围的目标。尽可能使用与你所模仿的原作相同的媒介。复制所有细节。专注于保持连续性、一致性和重复性。不要担心表达，花在学习一项技能上的时间不是用来发挥创造力的。

你所掌握及内化了的技能最终会释放创造力，让你有意识地朝你的想法努力，而不是描绘它们的物理过程。

自动机芯

成本更高

永续运行

平滑掠过的秒针

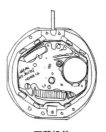

石英机芯

成本更低

电池运行

嘀嗒作响的秒针

手表内部的机芯

从概念上或者技术上理解一切事物如何运作

概念性理解抓住了事物运作的基本原理、其在系统内或系统间的工作方式、总体外观和感觉，以及用户体验。这种理解着眼于大局上的"为什么"，而不是细节上的"如何做"。

技术性理解是针对某样东西的实际运作方式，例如力学、材料属性、公差和制造方法。技术性思维通常是分门别类的，可能只关注系统的一部分，而不是整个系统，也几乎从不关注系统存在背后的原因。

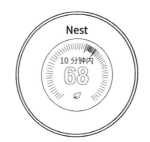

从熟悉的物品开始

　　试图把人们吸引到全新的事物上是有风险的。与逐步改进的产品相比，一款激进的产品几乎总是需要更多的时间、财务投资和测试。而且，消费者可能无法就其潜在的价值进行民意调查，因为他们缺乏相关的比较。

　　但消费者可以对熟悉产品的逐步改进提供有用的反馈。原型经历过一个改进期后，会变得既持久又舒适。经过改进后，它们更有可能融入用户的生活。例如，耐斯特（Nest）恒温器以随处可见的霍尼韦尔恒温器为基础，但它采用了可持续材料和可以了解用户冷暖偏好的技术。一个更具表现力、能彰显其先进技术的造型可能更激动人心，但熟悉的造型能够让消费者感到安心，并更自然地融入他们的家庭。

普通台灯

斯科特·威尔逊
设计的西西弗斯台灯

普通工作灯

新颖，但不要太新颖；熟悉，但不要太熟悉。

科学研究表明，动物在遇到新的刺激时通常会产生恐惧的反应。随后，反复的接触通常会引发好奇心和主动探索，有时还会产生好感或友谊。我们对无生命物体的反应也由这种防御和生存本能所决定。虽然一款新型的、非常新颖的产品不太可能引起恐惧，但它可能会令消费者产生本能的厌恶，从而回避它。许多新产品的市场窗口非常狭窄，这意味着它可能在消费者适应之前就失败了。

设计师雷蒙德·罗维倡导 MAYA 原则[1]，即：最先进但又可接受的产品在熟悉的舒适感和陌生的刺激感之间取得平衡，以此鼓励消费者接纳新事物进入他们熟悉的世界。

1　MAYA 是"Most Advanced，Yet Acceptable"的首字母缩写，意思是为用户提供最先进的设计，但不会比他们能够接受的更先进。也就是说，要在设计前瞻性与用户现阶段的技能和思维方式之间取得平衡。——译者注

乔纳森·伊夫设计的 iPod

与众不同很容易，出类拔萃却很难。

——乔纳森·伊夫

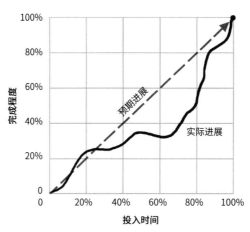

创造力是非线性的

对于缺乏经验的设计师来说，司空见惯且典型的行为是快速提出一个解决方案，坚持执行，并援引创造性和自我表达的权利来使它免受批评。但实际上，这暗示着对创造力和自我表达的回避。富有创造性并不是去执行一个先入为主的想法，而是不断学习、发现和尝试新的可能性。这就是追求脆弱性——要接受不知道该做什么，主动将自己置于需要创造意外之物的情境中。

如何让一张白纸不那么可怕

　　没有什么比一张白纸更能给人希望或令人望而生畏的了。但是，如果你把它撕成两半，它的可怕程度也就减半了。把它撕成四分之一大小，然后画两条线或写下三个字。使用粗记号笔，这会促使你专注于自己想法的本质。很快，你就可以进行头脑风暴、定义用户场景或组织一场演示了。

让你的想法灵活多变

有创造力不仅仅是提出新想法，也许更多的时候是"连接"想法。设计师越能在各种想法之间自由地切换，就越有可能实现重要的关联。将你的图纸、研究笔记、清单和头脑风暴贴在墙上或白板上，让多个想法同时可见，从而最大限度地发现有用的、新颖的联系的可能性。如果联系不明显，就将材料打乱。然后，将它们重新排列、归纳、分配、组合、分解、操作，重新解释，以生成新的模式、想法、用户场景和叙事序列。邀请其他人参与这个过程，以大幅增加实现可能性的机会。

设计需要语言

　　每周撰写一篇设计陈述——用一段话阐释你对用户、问题和方法的理解。不要只记录已完全形成的想法；将你的写作作为一种思考和发现的工具，并用于完善你可能认为已经确定的既有认知。如果需要的话，请毫不犹豫地花一个小时来写一段话。

　　当你在设计过程中遇到主要障碍或被迫在眉睫的决定阻碍时，回顾一下你积累的设计陈述，看看它们的演变是否暗示了下一步的自然发展。

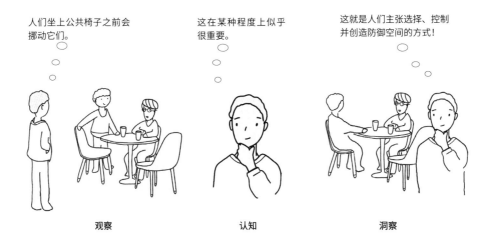

灵感来自威廉·H.怀特在《小城市空间的社会生活》一书中的观察

洞察，而不仅仅是观察。

　　观察是对客观事实或条件的感知。认知是一种持续存在于头脑中的观察，伴随着对意义的期待。洞察是对已知事物的深刻意义的认识。洞察具有启发性和整体性，它以一种简单明了的方式组织复杂的关系或模棱两可的现象。

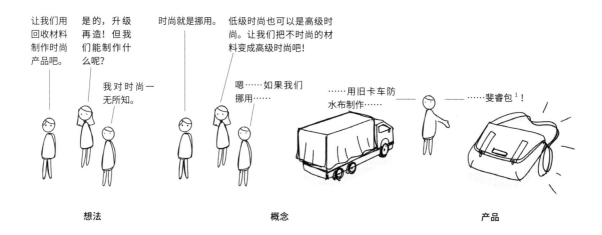

想法

概念

产品

———————

1 斐睿包（Freitag），该品牌于 20 世纪 90 年代开始使用回收的卡车用帆布篷制作环保袋包。——译者注

一个概念，而不仅仅是一个想法。

　　想法是一种初始的思考，可能具有也可能不具有重要或持久的价值。概念更宽泛、更有力：它源于对人性或行为的基本洞察，并间接地应用于产品。概念既强大又微妙。它暗示了一款产品的形式、审美感知，以及用户在使用它时可能产生的感受。

18

第 50 个百分位的男性不能代表第 50 个百分位的人

　　女性和男性的身体化学成分不同，对药物的反应也不同。但医学研究的默认对象是 155 磅[1] 的男性。谷歌软件识别男性语音的准确率比识别女性语音的准确率高 70%。工作场所的标准温度设定是基于男性的新陈代谢，这使得办公室的平均温度对于女性而言低了 5 度。护目镜、安全带和其他安全装备的设计均是基于男性的解剖结构。虽然女性可以选择较小的尺码，但必须接受关键性的比例差异。

　　美国政府从 1950 年开始使用撞击测试假人。这个假人模型是基于一个处于第 50 个百分位的男性。女司机的坐姿更直、更靠近方向盘，却被认为"位置不当"，而这没有经过测试或设计。她们在事故中受重伤的可能性比男性高 47%。2011 年，一种"女性"假人被引进；那是一个按比例缩小的男性假人。

1　1 磅 ≈ 454 克。——编者注

我很抱歉让
你难受。

同情
对他人感受的理性或抽象的认知，
而非与对方有相同的情感体验。

我为你正在经历的这些
而感到难过。

共情
对他人处境的情绪反应，
感受他人的亲身感受。

将同情转化为共情

　　26 岁的设计师帕特里夏·摩尔想要创造出任何人都可以使用的产品。她进行了一项实验，以了解一位 80 岁女性的真实生活。她塞住耳朵，戴上了模糊视线的眼镜，并夹上了腿部支架，以阻碍自己行走。

　　在硬着头皮进入城市环境时，她发现许多曾经被视为理所当然的事物，都是只为年轻和健康的人设计的。她的研究和后续的提案带来了创新。这些创新已经变得很常见，例如"低地板式"和"跪式"公共汽车、无障碍路缘坡道和大字体的标牌。虽然这些改变中有很多是为残疾人准备的，但对身体健全的人同样有益。例如，为轮椅设计的路缘坡道，可以帮助推购物车和婴儿车的人，还能帮助骑自行车的人和玩滑板的人在人行道和街道之间转移。

分歧： 通过研究、探究、头脑风暴、探索和概念生成，不断扩展可能性。

趋同： 通过综合、放弃不可行的想法，开发更有针对性的解决方案，不断缩小可能性。

将设计过程前置

　　技术进步往往比设计进步更显而易见：设计出恰当的解决方案非常困难，但在技术上实施许多解决方案相当容易。这可能会促使人们迅速决定解决方案，并将其转移至技术开发中。但在投入解决方案之前，要为模糊的、概念性的探索和空想预留大量时间。开展不追求实际成果的开放式工作。走走那些看似不通往任何地方的道路。如果你正在设计一只煎锅，请留出几周的时间来翻转煎饼，随意绘制草图，然后制作原型。不要忽视深入研究和结构化的方法，但也不要过早地考虑铸型、零件和成本。

尽早挖掘产品的个性

　　当人们与产品不期而遇时，它应该唤起什么样的感受？会调动哪些感官？当人们看到、触摸或使用它时，会有什么感觉？它会让人们回忆起哪些美好的经历？产品的内在特性是什么？它应该是冷漠的、可靠的、神秘的、轻松的、挑衅的、独立的、轻浮的、花哨的、复古的、笨重的，还是低调的？什么样的产品体量和比例比较合适？建议使用什么颜色、质地、形状和图案？需要什么尺寸和类型的控件、按钮、硬件和其他交互点？它是传统的还是前沿的？用户会寻找什么价值——安全、坚固、高级时尚、女性气质、隐形还是技术创新？哪些隐喻有助于描述产品的使用体验？在产品的重复使用中，什么会脱颖而出？对产品满意的用户如何向他人描述该产品？目标用户的个性是什么，可以从他们那里借用哪些身份密钥来打造更合适的产品？

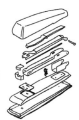

将"为什么"工作与"如何"工作结合起来，相互观照。

在设计过程的早期，人们会重点关注"为什么"工作：为什么用户会遇到痛点？为什么现有的解决方案不够好？为什么方案 A 可能比方案 B 更有价值？

随着设计过程的成熟，人们会更多地关注"如何"实现解决方案——通过考虑精确的尺寸、机械和电子的工作原理、材料类型和厚度、细节、紧固件、饰面和制造方法。

"为什么"工作和"如何"工作虽然不同，但相互依存。每当一个"为什么"的探索提示一个潜在的解决方案时，可以暂时将其纳入"如何"阶段，以测试其可行性，然后再回到更多的"为什么"工作中。同样，在"如何"阶段，频繁地回到基本的"为什么"问题上，以便为技术解决提供信息。

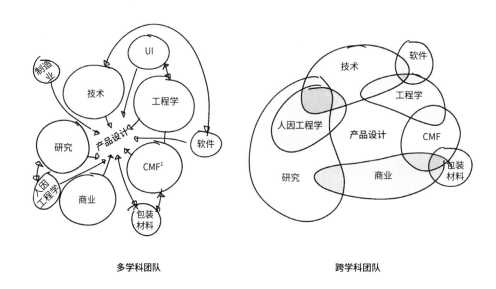

多学科团队　　　　　　　　　　　　跨学科团队

与其留下空隙，不如打破边界。

设计本质上是跨学科的，而不是多学科的。团队中任何一个成员做出的决策都会影响其他所有的成员。

项目经理：建立和界定项目范围；管理整体流程和进度表；协调会议；监控预算。

营销经理：代表公司的品牌价值；分析现有产品；进行测试，以评估消费者的兴趣、市场规模和价格。

工程师：确保产品在使用上功能正常，在制造上可行，并按时交付。

研究员：调查市场机会；进行访谈和二次调研，以深入了解消费者的关注点和价值观。

UI（用户界面）/UX（用户体验）设计师：设计并确保数字屏幕界面的可用性。

商业策略师：界定项目的财务目标及其对公司的影响。

产品设计师：在设计产品时综合研究结果、市场营销、品牌、制造要求等等。

锥形底座：

· 易于从制造铸型中脱模
· 便于零件堆叠
· 提供视觉和物理稳定性
· 将界面屏幕向用户倾斜

圆角：

· 触感舒适
· 在结构上比直角更坚固
· 提供令人愉悦的视觉"柔和度"

形式服从功能……以及其他很多方面

现代主义是**功能主义**：它假定一种形式的存在是为了服务于一种功能，任何缺乏实用性的形式和装饰都将被丢弃。然而，尽管功能可能是设计中最关键的考虑因素，但无论该产品的设计理念如何，还有许多因素都需要产品及其功能进行回应。设计决策回应的因素越多，结果就越有可能成功。

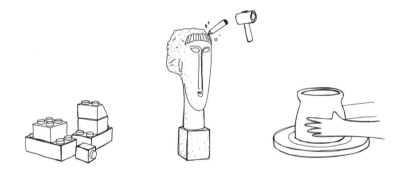

将形式概念化的三种方法

加法形式似乎是通过组装、连接、聚合或贯穿部件制成的。这种产品形式具有机械美学的趋向。经典的胶片摄影机就是一个例子。

减法形式似乎是通过去除材料制成的，例如用车床加工成型的木制品。这种产品形式在外观上趋于高度统一。

变形形式似乎是通过对初始形式施加力量（例如推或拉）来塑造的。这种产品形式通常看起来是有机的。自行车座椅就是一个例子。

一些形式从字面上表达了它们是如何被制作的，但还有许多从字面上看不出来。一个具有变形形式的花瓶可能是通过 3D 打印（加成法）、计算机数控铣削（减成法）或两者的结合制成的。

泰姬陵，印度阿格拉

随机假说：美是普遍存在的。

　　在一种文化中被认为是美的物品，在其他文化中也几乎总被认为是美的。然而，任何一种文化所生产的物品往往与另一种文化所生产的物品大不相同。一些文化产生感性的、质朴的形式，而另一些文化则注重无修饰和高科技。一些文化重视装饰性点缀，而另一些文化则更喜欢朴素的表面。一些文化强调直线形状，而另一些文化则强调曲线形状。

　　如果不同文化持有相似的审美观念，那为什么还会存在这样的差异呢？这是因为其他因素——彰显权力或名望、历史典故、物理环境等等——也塑造了事物的外观，而不同文化对这些因素的重视程度不同。尽管美的概念非常相似，但审美的结果却大不相同。

符号价值

实用价值

卡西欧：10 美元

百达翡丽：8 万美元

一只 25 美元的茶壶需要能烧水、自鸣、可靠，且外观吸引人；一只 900 美元的水壶最需要的是漂亮。

　　在市场经济中，有形功能的成本往往是显而易见的。例如，一块 10 美元的卡西欧手表几乎纯粹是功能性的。这表明，计时的**实用价值**可能为 9 美元。一块百达翡丽手表可以卖到 8 万美元。这表明，它几乎所有的价值都是**符号价值**，即它赋予佩戴者的地位。名望作为一种抽象的品质，缺乏明确的价格标准。

电子阅读器

28

让产品的外观与其功能相符

　　一款设计良好的产品通过直观功能来传达它如何互动，例如如何握持、使用或其他与之交互的方式。直观功能建立在用户所要执行的动作的心理模型之上。旋转旋钮，拉开门。握住茶壶的把手，从另一侧的壶嘴倒茶。向上拨动开关打开，向下拨动开关关闭。

　　直观功能通常建立在用户过去的经验之上。当汽水罐从可拆卸式变为固定的卡扣时，消费者不得不重新学习如何打开汽水罐，但他们仍然知道在哪里打开。为一种全球通用的产品找到直观功能可能很具有挑战性，因为它们可能因文化而异。例如，中国的蹲便器通常不被西方人理解。

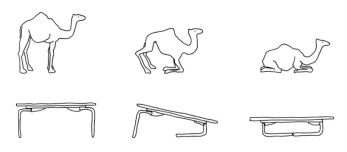

理查德·诺伊特拉设计的骆驼桌

29

模仿自然的功能，而不是它的形式。

许多创新模仿自然。威扣魔术贴就是模拟了种子附着在路过的动物身上，以传播到新地方生长的方式。**仿生学**领域旨在理解自然的复杂性，并将其仿制到设计对象中。但不要将其与复制自然界的形状混为一谈。要模拟自然客体的结构和功能属性，而不是其具体的视觉形式。

乔·切萨雷·科隆博设计的矮脚杯，1964 年

质疑传统，但不要完全否定它。

酒杯需要有柄吗？设计师卡里姆·拉希德认为，这是几个世纪前毫无意义的人工制品，当时金属高脚杯象征着社会地位。他认为，坚持这种设计就是忽视用户的真正需求。例如，在一架颠簸的飞机上，飞行员用高脚杯喝葡萄酒有意义吗？

但在许多当代情境中，高脚杯似乎仍然有其优越性。它优雅的造型适合经常提供葡萄酒的特殊场合。对于那些敬酒的人来说，高脚杯会适当地发出"叮当声"。即使放在桌子上，它也能让光线透过凸起的杯身。的确，无柄的酒杯足以盛放葡萄酒，但有柄的酒杯则能呈现出葡萄酒的质感。

形状具有内涵

形状具有深厚的历史，并蕴含深意。它们在实现过程中的细微差异都可能从根本上改变人们对产品的理解方式、其历史和文化指涉以及它的受众。

13 世纪最早的眼镜纯粹是功能性的，并因此采用圆形镜片。后来，当其他形状的镜片作为时尚单品被引入时，圆形镜片获得了与其功能起源相关的含义。约翰·列侬、史蒂夫·乔布斯和圣雄甘地等形形色色的人物都欣然接受了圆形镜片，它传达出质朴、直率、博学、禁欲主义和唯灵论，或许还展示了如何以时髦的方式拒绝时尚。

飞行员太阳镜是在 20 世纪 30 年代为飞行员开发的，用于替代不舒适的护目镜。它的成功归功于轻巧、凸起的轮廓和紧密覆盖眼窝的简单形状。道格拉斯·麦克阿瑟将军的"二战"新闻照片使它成为冒险精神的主流象征。

传统设计

倾向于强调视觉的复杂性，
形式往往是通过累加或聚集
形成的。

现代设计

倾向于简化和统一；形式可以隐
藏复杂性，以实现外在的简洁，
便于大规模生产。

32

优雅是奢华的反义词

优雅是一种审美效率现象。优雅的形式看似极简，却包含了精致和复杂性。**奢华**通过特征、修饰和细节的堆积来彰显复杂性。尽管概念上对立，但优雅与奢华并不是二元关系。优雅并不是剥掉奢华，因为人们可以创造一种粗野的极简形式。

优雅和奢华都是相关的设计策略，它们既带来审美机遇，也带来审美风险：失败的奢华尝试可能会导致杂乱无章的花哨，而失败的优雅则可能显得过于单调和乏味。

韩国的陶器经常表现出微妙的、有意的不对称，以同时营造张力和舒适感

不和谐是值得拥有的

　　陶艺家皮特·平内尔收藏其他艺术家制作的马克杯。他喜欢琳达·克里斯蒂安松设计的一款马克杯的粗犷风格，但该杯子手柄上的一处凸起扎进了他的手指，而且粗糙的杯沿会刺激他的嘴唇。平内尔沮丧地把杯子收了起来。

　　过了一段时间，他又试了一次。在第二次试用时，平内尔意识到这款马克杯的不和谐特性迫使他有意识地注意每一口茶。他悔恨多年来自己心不在焉地喝了很多杯茶，"却没有品尝过它们"。

　　平内尔认为，这段经历改变了他对艺术的理解："有时候，完全没有问题的东西并不那么有趣……的确需要一点点不和谐，至少一点点，才能让有趣的构思在很长一段时间内使我们的兴趣得以维持。"[1]

1　"Pete Pinnell: Thoughts on Cups." https://www.youtube.com/1watch?v=WChFMMzLHVs, accessed December 5, 2019.

胸袋衬里翻转成为口袋方巾

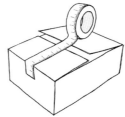

印有标尺标记的包装胶带

乐高钥匙链可轻松拼搭和拆卸

34

精巧的设计有出乎意料的效率

　　精巧的设计能带来愉悦感，但从根本上说，这是一种功能性而非情感性的品质。它通过提供一个多元但意外简单的解决方案或细节来激发兴趣和给予奖励。它解决了一个核心功能问题，同时至少增加了一个功能价值元素。

　　一个噱头可能会带来最初的愉悦感，但从长远来看可能会失败，因为它几乎没有增加任何功能价值。噱头要求被注意到；精巧的设计不要求被注意到，但还是会被注意到。

比亚焦·西科蒂为
阿莱西公司设计的
小恶魔开瓶器

菲利普·斯塔克
为阿莱西公司设
计的外星人柠檬
榨汁器

亚历山德罗·门迪尼为阿莱
西公司设计的安娜开瓶器

加埃塔诺·佩谢为意大利家具品
牌 B&B Italia 设计的躺椅

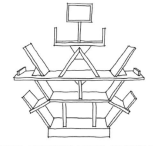

埃托雷·索特萨斯为孟菲斯·米兰诺设计集
团设计的卡尔顿隔断置物架

好玩的物品不一定是用于玩乐的物品

将好玩的形式引入普通、熟悉的产品时效果最佳，例如引入家庭和办公室中常见的产品。这是因为它们的功能已经被充分理解，限制了混淆的可能性。

在寻求趣味性时，看看产品的固有形式是否暗示了什么。形式的借鉴应该是奇思妙想的，而不是乖巧或媚俗的。简化产品的形式，以避免写实的表达：大多数人更愿意使用一把隐约地暗示出猫形的手锯，而不是一把写实的猫形手锯，因为手锯切割木材的技术并非显现在其形式上。使用参考对象的自然特征和细节，例如眼睛和四肢，来支持产品的功能。最后，使用高品质的材料，向用户保证该产品不是花哨的一次性产品。

玩具不一定要可爱

瑞飞儿[1]是供孩子们玩耍的物品。但"小红车"的形式本身并不好玩。冲压金属机身于 20 世纪 30 年代推出，至今仍在生产，坚固耐用且带有工业风。大圆角设计使玩耍更安全。套在白色大金属轮毂上的黑色橡胶轮可以使滚动更顺畅。其操作很容易理解：把东西装上去并拉动手拉车，或者坐进去，然后掌舵。

一款制作精良的儿童产品不需要附加一个"迪士尼故事"。牵强的形象或款式可能会暂时提高销量，但最终会限制产品的吸引力和时效性，并且许可费会使产品更加昂贵。

1　瑞飞儿（Radio Flyer）是一个历史悠久的美国骑乘玩具品牌，其经典作品是红色三轮车。——译者注

坎普[1]明白，刻奇不懂。[2]

坎皮[3]：故意夸大熟悉的主题或特性，从而产生一种刻意荒谬或讽刺式幽默的风格。

浮夸的：缺乏真实性或精细度，经常通过夸大或传达意图来引起受众的特定反应。

刻奇：具有天真、花哨或感性审美的艺术品或物品，可能会被"有见识"的人士视为品味低下，但可能会讽刺性地欣赏，例如熔岩灯或粉红色的火烈鸟草坪装饰。

劣质的：质量低劣的。

俗气的：公然寻求展示华丽、财富或地位，同时又掩饰自己缺乏精致或教养的一面。

品味：个人的审美情趣，它可能是由学识、个人偏见、经历、安全感、教育和阶级认同塑造的。

陈腐的：非原创的、被过度使用的，因此价值很小或没有价值。

矫饰的：矫揉造作或过分漂亮、别致、古雅或多愁善感。

37

1　坎普（camp）是一种文化现象，指的是故意夸张、滑稽或荒谬的表现方式，通常与大众文化，如电影、电视节目、流行音乐、时装等相关。这种表现方式旨在通过夸张、嘲笑或破坏某种主流文化的规则和价值观来创造一种自我意识的艺术形式。——译者注

2　这句话是在暗示"坎普"和"刻奇"（kitsch）之间的区别，"坎普"是故意夸张或模仿某些主题或特点，而"刻奇"则缺乏真实性或微妙性，试图通过夸张或透露意图来引起特定反应。因此，这个题目表达的是，"坎普"的理解需要某种程度的文化和审美知识，而"刻奇"则不需要。——译者注

3　坎皮（campy）和坎普是两个相关但不完全相同的概念。它们都指涉营造效果，但在使用上略有不同。"坎皮"的使用通常是贬义的，意味着某种表现方式过于夸张、滑稽或可笑，可能会让人觉得过度造作或低俗。——译者注

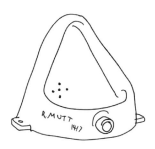

《泉》，马塞尔·杜尚，1917 年

照相机创造了现代艺术

从历史上看，视觉艺术既具有再现性，又具有表达性。它旨在真实地描绘世界，同时传达艺术家的主观意图。由于照相机可以非常准确地描绘现实，因此它的发明"窃取"了艺术传统角色的一半。作为回应，艺术变得更倾向于表达，而不是再现。很快，它将目光转向了自身，并发问：到底什么是艺术？油漆必须用刷子涂吗？一件艺术品是固定不变的，还是应该不断变化？艺术必须讲述一个连贯的故事，还是延续传统的美丽？艺术必须是崇高的，还是可以描绘平淡无奇的东西？就艺术描绘现实的程度而言，"真实"究竟意味着什么呢？

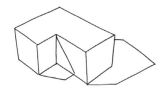

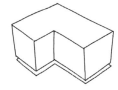

逼真的阴影

更难画，而且通常没有必要

象征性的阴影

放置在物体的底部平面，以快速传达深度

像设计师，而不是艺术家那样画画。

39

高效地画，而不是表达性地画。大多数绘图应该快速、清晰地展现想法，而不是成为珍贵的艺术品。

象征性地画，而不是写实地画。省略次要的细节，将焦点放在你想要观者接收的信息上。

不要追求个性化的绘画风格。让你的个人风格随着时间的推移有机地发展。

快速画。电脑是用来做细节渲染的。在手绘中，快速可视化是最重要的，它在谈话中传达思想。

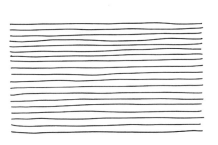

如何画一条直线

使用毡笔。如果画的是长线条，用较粗的笔，以增加存在感，因为更突出的线条更容易判断。

缓慢地画出单独的线条。如果你画线的速度太快，将失去对方向和平直度的控制。

移动你的整个手臂，而不是从肘部旋转。拖动绘图的手掠过纸张，以增加牵引力。

轻微起伏的线条是可以的，只要整体线条是直的，而不是弧线。

旋转绘画媒介，如果这样可以更轻松地画出直线的话。

不要"轻弹"这条线。给开始和末尾一个硬朗的收笔。

重复，直到你能够始终如一地画出有清晰的起点和终点的直线。这将需要至少几周的适度训练，才能内化为肌肉记忆。

40

强烈的透视角度
动感，但存在畸变

温和的透视角度
精准，但缺少"个性"

用透视图来表达，用正交图来研究。

　　透视草图对于快速捕捉整体想法非常有效，并且可以通过展示产品与空间或其使用情境的关系来给人留下深刻的印象。但**正交图**（二维平面图、剖面图和立面图）更有可能帮助你深化一个想法。正交图固有的精确性，尤其是在绘制全尺寸时，迫使设计师研究并寻求关于尺寸、范围、比例和细节的具体决策。

扣带

滑板

凸棒杆

木板

万向轮

可拆卸！

横压胶合板

折叠

伸缩

折叠

制动

模型

早期对概念和用户体验进行的广义探索

原型

对预期的最终产品进行详细的调查和测试

图纸模拟外观，实物模型模拟体验。

　　一幅艺术渲染图可以看起来很棒，具有情感影响，并提供一款产品的视觉特征和吸引力的快照。但只有模型（通常是一个粗略的三维样品）或原型（通常更接近预期的最终产品）才能让你进入使用该产品的模式。

分三道切割泡沫板

1. 顶层表面
2. 泡沫材料
3. 底部表面

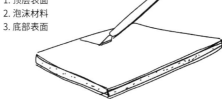

模型是为了探索，而不仅仅是描绘。

寻求回答具体的问题。模型或原型应该帮助你去证实或驳斥一种猜测。一个失败的原型仍然可以成功：通过揭示一个问题，它告诉你什么是不可行的，并建议你下一步应该做什么。

寻求发现新问题。你的目标不应该是建立一个完美的想法，而是让自己置身于一种促使你提出问题的情境中，否则你不会想到这些问题。

以全尺寸建造。这可以让你测试产品在空间中的存在感、可用性及其与身体的关系。如果在三维空间中进行全尺寸研究不切实际，那么一张全尺寸的二维图纸有时就足够了。

粗略地建造。早期的"弗兰肯原型"可以由现有的物品粘在一起组成，用以模拟一般的体验。

限制元素的数量。通过专注于关键探索，最大限度地减少时间和费用。随着设计的推进，研究应该变得更加复杂。

43

所有产品都会移动

便携性至关重要，即使对于在日常使用中保持静止的产品也是如此。一台又大又重的打印机可能会在同一个地方放置多年，但在安装时以及在极少数必须移动的情况下，人们会欣赏它两侧的凹槽。家用冰箱的底部有轮子，床垫的侧面有把手，即使它们在大部分或全部使用寿命中都会保持静止。

当一款产品的使用寿命结束，被拆卸、丢弃或回收时，它会再次移动。

归类存放

储藏中的产品

预备状态

产品在使用情境中，但不
处于执行状态

激活状态

执行核心功能的产品

使用模式

产品在未使用时也能发挥作用

　　书柜什么时候是在"使用中"呢？当它被放置在客厅或办公室时，当一件物品被放置在里面或上面时，还是当它闲置时？

　　事实上，许多产品在未执行其主要功能时仍在工作。家具、照明设备、餐具和无数其他产品在没有人主动使用时，可以充当背景或审美对象，或者只是在随时待命。

　　产品的最终有效性可能取决于其所处的**情境**（制造、运输、展示、安装、储存、清理等），而不是其**主要用途**（常规、预期的功能或应用）。窗式空调可以被设计成高效运行，但其真正的性能取决于安装的完整性。耳机的设计应该考虑佩戴者的舒适度，但其对用户的价值可能取决于它能否折叠，以便于携带和存放。

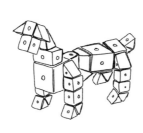

45

通用模块

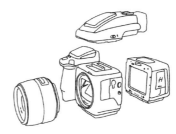

专业模块

可以让任何事物近似，或让一些事物完美。

模块是用于构建完整对象的多个标准化单元。它们为用户提供了高度的灵活性和机动性，并使制造商在设计、工程、生产和库存方面提高了效率。

通用模块几乎可以组装成任何形状，从一个城堡到一条鲸鱼都可以。但是，每个组合体都是一种近似物。例如，用乐高模块制作的任何物体，其预期实物看起来都像是基于乐高积木的近似物。

专业模块允许一种范围狭窄的结果，但每个结果都紧密地服务于一个特定的需求。例如，哈苏公司制造的模块允许人们组合各种相机。办公家具和厨柜模块也可以类似地组合。

46

手掌的跨度

通常为 7~9 英寸

椅子

座位高于地板
18 英寸左右

桌子

高 于 地 板 30
英寸左右

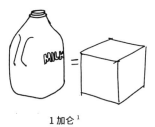

1 加仑[1]

大约 6 英寸见方

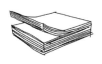

11 张便利贴

1 毫米左右

1　1 加仑（美）≈ 3.8 升，1 加仑（英）≈ 4.5 升。——编者注

用数字理解你的世界

　　养成猜测你所处环境中物体尺寸的习惯，然后测量它们，看看你的数据有多接近。测量控件和按钮的尺寸和间距。测量你坐着时的眼睛高度，以及电视屏幕尺寸与较佳观看距离的比例。测量停放的汽车以及手机屏幕上的图标的间距。测量汽水罐、手机、钞票、房门钥匙、平装书、空调、餐盘和西施犬的大小。

一个 200 磅重的人并不是一个 100 磅重的人的两倍大小

　　体积和质量具有欺骗性。只有通过制作全尺寸原型，并在其预期环境中观察和使用它，才能评估一个三维形式的理想尺寸、形状、视觉特征和人体工程学。即使是半尺寸原型，也会具有欺骗性：尽管它可能看起来与实际尺寸足够接近，但它的体积仅为全尺寸模型的八分之一。

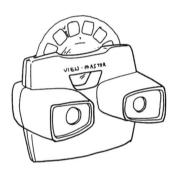

查尔斯·哈里森设计的加夫牌三维魔景机，1958 年

厚度增加 10% 可以使强度提高 33%

消费者倾向于将材料的刚度视为整体产品质量的一个指标。对于大多数材料而言，适度增加 10% 的厚度能使其强度和刚度显著提高三分之一，从而减少扭曲、外壳吱吱声、"油罐效应"和其他结构问题及烦恼。

三点支撑底座
用于快速安装和调平

四点支撑底座
保证静止物体的稳定性

五点或六点支撑底座
提高滚动物体的稳定性

认识到使用情境的重要性

　　我们凭直觉知道，顶部比底部窄的物体重心较低，不像一个非锥形物体那样容易倾倒。我们的视觉稳定感源于这种理解，因为即使是不易倾倒的物体，比如传统的灯罩，如果顶部做得更窄，也往往会带来更好的视觉满足感。

　　一次性咖啡杯似乎忽略了重力，因为它的顶部更宽，便于倾倒、饮用和叠放。这使得它比预期的更容易倾倒。然而，重力仍然驱动着杯子的形状：当你拿着它时，重力会将杯子向下拉到由你的拇指和其他手指形成的半圆中。如果杯子底部更宽，就很难握住。

一款产品有合适的重量

　　在家具中，重量可能被视为质量的标志。在笔记本电脑中，它可能传达出相反的信息。轻便可能意味着耳机的效能，但对于煎锅而言则意味着廉价。一双厚底的正装鞋通常给人以高品质的感觉，而一双优质的运动鞋则给人以轻盈的感觉。便携式订书机应该很轻，而固定式订书机应该很重。一次性笔应该很轻，而钢笔应该很重，以传达耐用性和庄重感。一次性剃须刀很轻，适合旅行，但家用剃须刀很重，且更耐用。

野口勇设计的落地灯

正是重量赋予了失重的意义。

——野口勇

附加 / 标准化铰链

不能表达或扩充产品概念

物理集成铰链

可能与产品概念有关，也可能无关

概念集成铰链

离不开产品概念

细节即概念

　　细节不仅是关乎产品的小部位，而且是体现设计意图的契机。如果产品的概念目标是实现流畅的极简主义造型，那就让转角圆润，隐藏接缝和紧固件，并使用平齐的按钮。如果产品的概念目标是实现结构感，就通过逐步叠加构成形态，在不同的部分使用不同的颜色、饰面或材料，采用外露的紧固件，并通过加深的凹槽或其他装饰来夸大接合处。

　　要做到细节有助于概念，概念也要有助于细节。如果一个细节不能被落实下来协助概念，这或许是在告诉你要重新考虑这个概念。

53

一个盒子不仅仅是一个盒子

　　一款产品的外壳至少由两个部分组成。分隔两部分的**分型线**可能纯粹是出于实际考虑来定位的，例如内部的运作方式、制造的便利程度或结构强度。但是，产品的其他位置可以传达信息。放置在产品底部的分型线在日常使用时是隐藏的，传达了坚固性——这是静态产品的理想特性。将其置于顶部可以充分显示出装配的精确性。将其置于侧面的中点传达出中性或通用属性，但也可能为产品提供一种可能性：通过在两个外壳上使用不同的颜色或饰面，在视觉上使产品外观活跃起来。

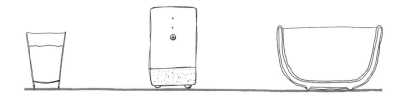

纸杯

侧面延伸以保持稳定
性，允许底部下陷

电子产品

橡胶脚垫有助于通风，尽
量减少外壳的"嗡嗡声"

陶瓷制品

底足可以防止生坯粘在
窑炉表面

利用支脚

　　许多产品需要支脚来帮助它们保持水平，但支脚还可以在其他方面发挥作用。它们可以提供抓地力，防止产品底部刮伤，吸收冲击力，保护放置产品的表面，提升性能，使形式具有视觉意义，甚至有助于产品的制造。

55

一字型

可以暗示复古"怀旧"，
但可能看起来很普通

内六角 / 六角型

暗示坚固

梅花型 / 星型

小号，暗示精密度

菲利普斯式 / 十字型

实用，但可能看起来很
普通

利用顶部

　　螺丝头可以隐藏在产品标签或橡胶脚后面。但当它们裸露在外时，可以传达有关产品概念或品牌标识的重要信息。

布雷博制动钳

见微知著

　　如果一款产品包含复杂的部件或创新的技术，那就要考虑从产品的外部显现出来，以表达高性能，但要展现得巧妙点。给出一个小小的提示，而不是一览无遗。

出风口：隐藏在铰链的空隙处

进风口：隐藏在底部，支脚提供呼吸空间

进气，排气。

被动通风： 对于一款产生适度热量的产品，例如电视机、收音机或厨房电器，在其外壳上设置开口，以促进空气的自然流通。

主动通风： 当一款产品包含会产生大量热量的内部部件时，集成风扇将空气从进风口输送到出风口。

强制通风： 对于主要功能是驱动空气的产品，例如室内风扇或吹风机，应设计进风口和出风口，以防止手指和头发被卷入。

通风作为设计特征： 人们可能期待笔记本电脑可以轻松地进行计算，这意味着要隐藏进风口和出风口。但是，在游戏笔记本电脑上可能会强调通风口，以表明其强大耐用。空气流动是室内风扇的核心目的，然而，戴森前卫的风扇隐藏了这一功能，以吸引人们关注其独特的造型。

颜色作为实用工具

使重要的东西更容易找到

颜色作为符号

传达兴奋和满足感

颜色作为受众标识符

可能传达性别、社会地位、时尚和政治立场

色彩始于无色

　　每种材料都有其固有的颜色。在引入其他颜色之前，先使用它。使用颜色来服务于一个明确的目的：作为一种功能，比如突出交互点；作为受众或品牌的一种标识符；或者为了适应使用它的环境。

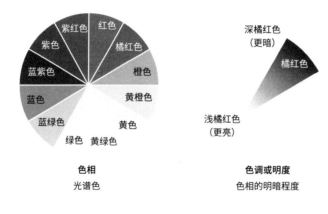

色相
光谱色

色调或明度
色相的明暗程度

红色
橘红色
橙色
黄橙色
黄色
黄绿色
绿色
蓝绿色
蓝色
蓝紫色
紫色
紫红色

深橘红色
（更暗）
橘红色
浅橘红色
（更亮）

浅色调放大细节，深色调放大轮廓。

　　较浅的色调自然地展现出光影的变化，适合那些轮廓和细节需要被欣赏的物品，例如古典大理石雕像。在较深的色调中更难以察觉变化和细节，适合那些不需要被注意到的物品，例如订书机、鼠标垫和客厅电子设备。

　　汽车是个例外，因为在明亮的户外环境中，光滑的深色表面就像一面镜子。比起同型号的白色汽车，深色汽车上的许多反光使其外形看起来更加复杂，轮廓更加分明。

白色代表实用，黑色代表精密，金属色代表专业。

在注重纯粹性、清洁度和实用性的产品中，白色是一种自然的选择，这使它成为洗衣房和厨房电器（"白色家电"）的默认颜色。黑色往往意味着精密，尤其是对于皮革制品等个人产品来说。这在一定程度上是因为它掩盖了表面的细节，给人一种神秘感。

拉丝不锈钢等金属饰面往往会营造出专业的氛围。那些希望在家中能传递出专业级性能的业主越来越青睐在新家电中使用这种材质。

抛光饰面

琴颈后面进行缎面处理，
便于手部移动

抛光饰面

缎面比光面更顺滑

　　粗糙的表面往往比光滑的表面有更大的"摩擦力"，使我们的手脚更加稳定和安全。但是，当平滑度超过一定程度时，情况就不再如此了。抛光饰面可能是最平滑的饰面，比缎面的摩擦力更大。

通过表面处理得到提升的自然色

抛光

喷砂

透明涂层

颜色浸入材料中

染色或着色，

或在浇铸过程中将颜料混合到

材料中

通过技术黏合的颜色层

化工、静电、

电解

或热处理

油漆是最后的手段

　　与漆面产品相比，那些表面呈现而非遮盖材料真实颜色的产品，往往具有更高的价值和更耐久的特性。油漆会磨损、脱落和褪色，降低一件产品的质量。油漆可以有效地遮盖廉价材料，但也可能是在宣扬漆面下的材料很廉价：如果材料不廉价，为什么要把它遮盖起来？

63

三原色（RGB）

用于选择和指定屏幕使
用的颜色

印刷四分色（CMYK）

用于选择和指定物体的
颜色

潘通（Pantone）

用于指定印刷、油漆、塑
料用颜色的专有系统

模刻纹（Mold-Tech）

用于选择塑料纹理和饰面
的专有系统

使用实物样本进行实际决策

对于实体产品，不要依赖电脑屏幕来选择颜色、材料和饰面。请参考潘通和模刻纹等实体行业的标准。然而，即使遵循这些标准，不同的制造商也可能会产生不同的结果，而且指定的颜色在不同的材料或饰面上看起来可能有所不同。仔细审阅制造商的实物样本是选择和确认颜色、材料和饰面的最佳方式。

64

短轴与圆柱方向平行，
并延伸至消失点

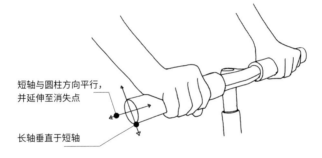

长轴垂直于短轴

圆形在透视图中是椭圆形

良好的工效学并不一定意味着完美契合

　　一个紧密贴合手部的雕刻造型能够提供非凡的初始舒适感。但在长期使用中，它可能被证明不是最适宜的选择，因为它的贴合度可能会限制手部的移动和调整，而只存在这一种使用方式。相比之下，圆柱体提供的初始舒适度较低，但允许用户自由移动位置。它也可能比符合工效学的"考究"设备更易于被制造，且更便宜。

平躺

斜倚
具有社交意识，
而不参与社交

随意
具有社交意识，
非正式参与

挺直
参与社交，
关注社交

工作
专注，个人化
的活动

吧椅高度
善于社交，短
期承诺

站立

座位的原则

坐得越低，坐得越久，舒适度的作用就越大。

靠背和扶手意味着更大的承诺。例如，无靠背的长凳意味着比餐椅或躺椅的使用时间更短。

直角会抑制舒适度。座椅表面的后缘处通常应该降低，从水平方向倾斜 5°。靠背应向后倾斜 5° ~15°。

旋转底座暗示性能 / 实用性，例如办公椅、吧台凳。

更挺直往往意味着更高的社会参与度。更大的倾斜度意味着更高的私密性。公共场所（例如海滩或电影院）的躺椅展示了一种私人姿态和公共体验的非典型混合。

桌子高度 = 坐着的人的肘部高度。

马塞尔·布劳耶设计的瓦西里椅子，1925 年

当你真的不需要任何东西时，椅子是你需要的第一件东西，因此它是人类文明的一种特别引人注目的象征。因为需要设计的是文明，而不是生存。

——唐纳德·诺曼，《设计心理学》

67

大众汽车后备箱释放器

给用户一个公平的机会去弄清楚

　　为用户提供机会去发现一种产品功能，以及为用户隐藏起一种产品功能，这两者有很大的不同。当用户在视觉和身体上都不能轻松或直观地使用某种功能时，可能会产生烦恼。例如，当电源按钮位于扬声器背面时。但是，当用户有机会发现一个最初不明显但仍然可以使用的功能时，可能会发出愉快的一声"啊哈"。例如，一个产品标识竟然是电源按钮。一旦用户认出这个按钮，就没有进一步的使用障碍了。他们可能会想："为什么我以前没有看到这个？"而且用户喜欢在后续的使用中重温他们最初的那一声"啊哈"。

68

效果越明显，开关的存在感就越要强。

平齐式按钮的物理存在感最低，通常需要视觉上的直接协助。它们适合偶尔使用的功能，例如子菜单程序。这种按钮可以有效地保持产品形式的纯粹性，但很难凭触感找到。

凸起式按钮略微凸起，人们可以凭触感找到它们。这种按钮通常适用于常见的操作，例如"扫描"或"送纸"。凸起特别高的按钮可适用于设备的主要操作，例如，搅拌器上的"搅拌"按钮或摄像机上的"录制"按钮。

凹陷式按钮适用于特殊的、很少使用的功能，这些功能的意外激活可能是灾难性的。它们通常被故意设计得难以按压，以至于必须使用特殊的体力。例如，在 Wi-Fi 路由器上激活"重置"按钮可能需要插入笔尖或回形针。

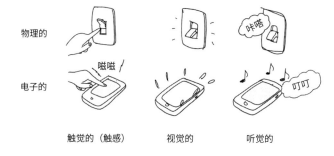

反馈的类型

预期发生的事情发生了吗?

　　有些产品可以提供自动反馈：真空吸尘器会准确无误地传达出已被打开还是关闭。但是，许多产品的用户需要额外的提示来辨别是否发生了预期的交互操作。

　　在整个感官范围内操作，以确定适合用户情境的最佳提示。LED 灯等视觉提示很常见，但**触觉**（触摸）反馈通常更有效。例如，振动提示可能比视觉提示更有效地表明手机已进入静音模式。在特别繁忙的视觉情境中，例如电脑屏幕或汽车仪表盘，听觉提示可能最容易被注意到。多音符旋律可以区分开启（升序音符）、转换模式（相同 / 相似的音符）和关闭（降序音符）。

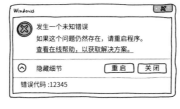

软件不可避免地存在瑕疵

消费者期望实体产品是完美的或是接近完美。但软件用户相对来说可以接受一些不完美之处。他们可能会对错误和缺点感到恼火，但他们会找到权宜之计，直到软件发布更新。届时，他们可能会期望并获得除修复之外的新功能。这将导致新一轮的缺陷，他们仍会接受并找到权宜之计。

因此，软件公司在产品上市前没有什么动力去解决产品中的每一个漏洞。如果公司花费太多时间来做这件事，那么消费者就不会等待，而会从竞争对手那里购买一个不完美但现成的产品。

	手工生产	大规模生产
主要用户关注点	独特性、工艺性、美学和文化价值	数量需求、成本限制、可制造性
常用材料	木材、皮革	铝、钢、塑料
典型的复制品数量	< 500	> 5 000
用户情境	高档会所、豪宅	办公室、机构、机场
实例	芬·尤尔、切科蒂系列	宜家、诺尔

制造1000件东西很困难

　　手工生产通常适合少量生产的产品，例如几条项链或几十个篮子。**大规模生产**适合制造数千或数百万件产品，但需要在规划、培训、购置工业设备和管理方面进行大量前期投资。

　　对于中等数量的产品，很难证明哪种生产方法更合理。手工生产可能会导致产品质量参差不齐、劳动力成本高，而且产品的零售价格也很高，不会被视为独家产品。大规模生产将降低直接劳动力成本，但每件产品都必须定价高昂，才能收回前期投资。

　　3D打印和计算机数控（CNC）技术有时可以填补这一空白，但它们适用的产品和材料范围相当有限。

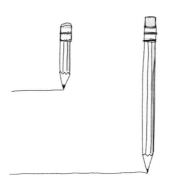

72

寿命最短的部件决定了产品的寿命

在一个理想的产品生命周期中，所有部件都是在同一时间耗尽的。但大多数情况下，一个零件决定了一件产品的命运。例如，仅仅是显示器出现故障，一台一体式台式计算机就会变得毫无用处。即使是像锤子这样的简单产品，钢锤头的寿命也远远超过了木锤柄。

但是，产品的设计往往可以考虑到部件的折旧情况。锤柄可以被设计成可更换的。带有胶合模压橡胶鞋底的鞋子不太可能更换鞋底，建议采用较低质量的鞋面设计。但是，一双用最高质量的皮革制成的鞋子可以穿 20 年，应该搭配一个可更换的贴边皮革鞋底。

最初几次使用：情感的

外观
酷炫元素
令人愉悦的互动

继续使用：理性的

耐久性
可靠性
舒适性

长期使用：情感 2.0

生活情境
熟悉感
内在特质

通过时间来设计用户体验

在一款产品的最初几次使用中，用户可能会被迷住。通过创造初期使用就让人发出"哇"的惊叹声这样的时刻，来吸引他们的注意力。电子产品可以通过灯光、声音和界面细节来展示其个性。洗衣机可以显示有用的提示，并播放欢快的曲子来庆祝第一次洗涤。对于实体产品，可以使用醒目的色彩组合、精确的转角细节和有趣的拼接方式来奖励新用户着迷的目光。

当一款产品使用了一段时间后，用户可能对其新奇性和迷人的特性不那么感兴趣了。在这种情况下，电子产品的界面可以被设计成学习和强调用户最喜欢的选项，并将不常用的选项放在子菜单中。对于物理对象来说，耐用性和可靠性提供了最终的长期回报。

74

我喜欢"磨合"，而不是"磨损"这个概念。

——比尔·莫格里奇，IDEO[1] 联合创始人

75

---

1 IDEO 成立于 1991 年，由三家设计公司合并而成：大卫·凯利设计室、ID TWO 设计公司和 Matrix 产品设计公司。——编者注

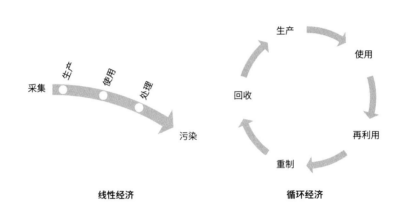

采集　生产　使用　处理　污染

线性经济

生产　使用

回收　再利用

重制

循环经济

污染是一个设计缺陷

天然的、非石油基材料似乎天生对自然环境更有利。但许多看似环保的物品，从糖果包装到纸杯，都涂有一层薄薄的塑料层，这使得它们很难甚至无法被回收。然而，由单一合成材料，如聚乙烯或聚丙烯制成的塑料杯可以被轻松回收。

76

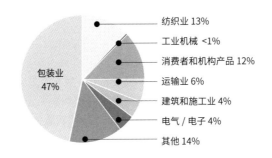

纺织业 13%

工业机械 <1%

消费者和机构产品 12%

运输业 6%

建筑和施工业 4%

电气 / 电子 4%

其他 14%

包装业
47%

工业领域产生的塑料废弃物，2015 年
数据来源：罗兰·盖耶，加州大学圣巴巴拉分校

塑料是一种属性，而不是一种材料。

　　塑料是指形状可以轻易改变或铸型的任何材料。通常，塑性原料在加热状态下成形，然后冷却，以制成硬质或半硬质产品。

　　我们通常提到的塑料是由聚合物、长链碳和其他来自石油化学品的原子制成的。然而，植物正越来越多地被用作塑料的来源。在使用寿命结束时，生物塑料可以被细菌分解，而不是被丢弃。

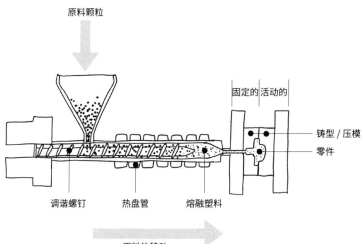

原料颗粒

原料的移动

调谐螺钉　　热盘管　　熔融塑料

固定的 活动的

铸型 / 压模

零件

注塑成型

　　许多零件是通过加热原材料，例如塑料颗粒、金属或玻璃，并将其注入被称为**铸型**或压模的金属腔中制成的。让零件冷却并硬化，然后取出。注塑成型的要素包括：

　　铸型 / 零件形状：铸造后的零件需要从铸型中滑出。这要求零件两侧的**模锻斜度**至少为 1°。此外，带有"凹槽"的复杂形状可能会陷在铸型中。侧向脱模是有可能的，但价格昂贵。将一个零件分成两个部分，通常可以解决这个问题。

　　铸型或压模材料：经过热处理的钢制"模具"适合大批量生产，高达 10 万次循环使用。铝较便宜，但只能循环使用几千次。它通常用于与最终产品非常相似的试生产原型。

　　生产速度：用铝制模具可以加快制造速度，它的冷却速度更快，但耐用性较差。二腔或三腔铸型可以在每个周期里生产更多的零部件。这增加了初始模具的成本，但降低了每个零件的成本。

制造成本　　x2　　批发价格　　x2　　零售价格

零售价格＝（BOM+ 人工成本）x 4

　　BOM（物料清单）是制造一款产品所需零件的详细清单，从电机组件到小的螺钉等。BOM 列出了零件名称、规格（例如尺寸和颜色）及其价格。假设产品的设计和开发成本在销售利润率的覆盖范围内，那么粗略估计一款产品的零售价格是其制造成本的四倍。

宜家的波昂椅

宜家生态系统

宜家是世界上最大的家具公司。幸运的是，它成立于 1943 年，当时正值现代理念从前卫走向主流。但宜家成功的最大原因在于它对整个产品生态系统的创新。

完整的产品线： 与竞争对手不同的是，宜家为整个房屋生产家具和配件。

制造： 宜家制造自己的所有产品。

零售环境： 一种沉浸式的、宜家独设的服务环境，既是商店，又是自助服务仓库。

低价格： 通过大批量生产和销售大多数未组装的产品，限制材料和硬件的选用范围，达到顾客的经济承受能力。

扁平包装物流： 这是宜家系统中的统一元素，因为它允许客户用自己的车或通过公共交通工具将产品运回家。

自助装配： 标准化的硬件和紧固件有助于用户熟悉并加快装配速度。

可持续性： 大多数部件由单一材料制成，便于回收利用。宜家力求在所有运营中 100% 依靠可再生能源。

进行重要的设计探索时要远离计算机

　　计算机几乎总是更适合改进或生成一个概念，而不是创造或探索新的概念。概念是整体性的，它涵盖了一个项目的许多不同方面。但计算机图像是纯视觉和二维的，缺乏情境、触感、体积、重量、温度、气味、工效学，以及人们与实物交互时所具有的其他特质。

81

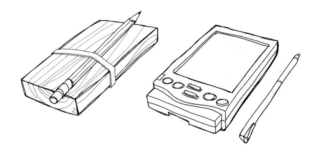

一块木头可以被用作智能手机的早期原型

低分辨率可以得到更多反馈

　　粗略的草图、原始图像和凌乱的原型会鼓励其他人——尤其是非设计师——参与设计过程，因为他们觉得自己可以影响项目的方向。你越小心翼翼地按图纸去执行，就越有可能投入更多的精力来保持设计的原样，也就越不愿意接受或留意反馈。无论项目开展到哪个阶段，电脑效果图往往都展示出同样的精细程度，这可能会使非设计师和有经验的设计师都对项目的发展阶段感到困惑。在大多数情况下，电脑效果图会让人们误以为一个项目比实际情况开展得更好。

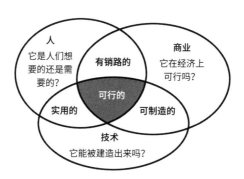

把你对一个概念的信心限定在它已获得的部分上

如果一个概念具备以下条件，就值得你信任：

1. 它来自一个广阔的潜在领域。

2. 你并未有意识地去追寻它，也未预见到它的到来，它是在设计过程中探索的结果。

3. 它基于对用户的真实了解，具有实用性，在文化上是适当的，并且在技术和经济上具有可行性。

4. 它已通过测试，得到验证和改进。

5. 任何新奇的概念都不会让人难以抗拒。一个适宜的解决方案通常显而易见，以至于它看起来一点也不新颖。

6. 你对这个概念的信心本质上出于理智，而非情感。

83

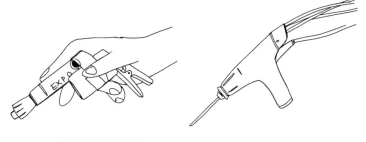

IDEO 设计的早期模型是为了
获取外科医生的反馈

成品

英国佳乐开发的迭戈鼻科手术器械

让你的工艺与你的信心相匹配

在项目的开发阶段，只有为图纸、原型或其他研究提供足够多的时间、精力和投资，才得以生成对相关问题的反馈。细节、精确性和工艺应该展现这个设计应有的信心，仅此而已。

84

这是一个光标控制装置。

这是一只鼠标!

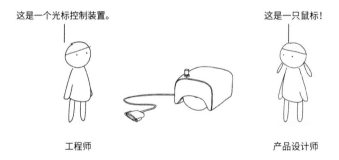

工程师

产品设计师

第一只电脑鼠标原型，道格·恩格尔巴特设计

当你能给一个概念命名时，你就得到了一个概念。

一个中性的名称可以客观准确地给一个概念贴上标签，但它不能表达它的核心情感，培养情感联系，或帮助你识别这个概念。你很快就会忘记哪个是概念 D，哪个是概念 M，但你永远不会将你的鲨鱼钳概念与你的温顺鼹鼠概念混淆。

开发和命名一个概念时，要表现得过度情绪化或夸张，而不是低调和含蓄，因为在此之后，对夸大其词进行抑制比对轻描淡写进行强化更容易。而且，不要只是将名称用作一种称呼，要用它来帮助你做出有关形式、尺寸、材料和饰面的决定。

简单的概念需要隐藏的复杂性

克雷顿·伯曼工作室设计的 1 号凳子似乎是由一根长长的弯曲杆制成的。然而，这需要一根 30 英尺[1] 长的金属管和烦琐的制造过程。实际上，凳子腿是由四个独立但相同的部件组成的，它们连接在座位下方。

缺乏经验的设计师可能会反感这种"玷污"设计概念的操作。而有经验的设计师则明白，**概念或叙事上的简单并不意味着真的简单。**

86

钓鱼灯

独特的尺度和比例将落地灯
的边界延伸到吊灯的边界

大众甲壳虫

瓢虫的形状

布劳耶椅

连续的钢管

苹果笔记本电脑

单色的优雅

让某种事物比其他一切都重要

一个清晰的想法——设计元素、质量、形状、功能、形式、材料、颜色或特征——应该胜过所有其他想法，并体现一款产品的核心叙事。每当向外行人介绍该产品时，这些**主要设计要素**（PDC，Primary Design Component）都应该被提到。

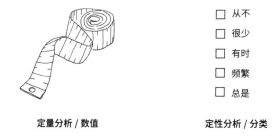

定量分析 / 数值

□ 从不
□ 很少
□ 有时
□ 频繁
□ 总是

定性分析 / 分类

数据的类型

如果答案不够充分，说明没有提出足够的问题。

　　当进展非常缓慢时，可能是你太过于依赖自己的才华，而对用户需求、产品环境、技术考量、市场背景和其他因素了解不够。当陷入困境时，可以就任何事情提问。如果你不知道要使用什么颜色，可以问一些与颜色没有直接关系的问题：产品将在哪里使用？影响它使用的基本物理特性是什么？它将被如何制造？它在室外阳光下使用会像在室内使用一样吗？它会被存放在抽屉里还是展示在咖啡桌上？

　　通过审视自身来寻找答案很重要，但向外看会扩展你的内心。任何时候，只要你接受新的信息，就不太可能停留在原地。

88

灵感

构思

执行

不断回归到基本问题上

即使设计过程进展顺利，人们也常常会觉得尚未确定要解决的核心问题，或者没有发现关键问题。

让你的设计过程形成体系，这样你就可以反复地重新审视有关项目的最基本的问题。重新提出一些重要的问题，并为已有答案的问题寻求新的答案。这是为谁设计的？他们为什么需要它？他们将如何以及何时使用它？我们为什么决定采用这种形式？确切原因是什么？

你的目标应该是确保朝着解决方案的方向发展，而这个解决方案建立在越来越深入地了解你从哪里或应该从哪里开始的基础上。

当你快要成功地结束一个项目并更关注细节时，要不断回到基本问题上，以帮助你弄清楚如何执行它们。

89

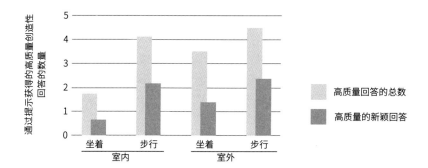

斯坦福大学关于步行和创造力的研究，2014 年

陷入困境时，要去做更多事情。[1]

1. 重新审视并修订你的设计说明。
2. 针对新事物提出新问题，即使你认为它们与你的困境无关。如果你只问你认为需要问的问题，你将仍受到同样的局限。
3. 重新审视你为之努力的核心动机，看看你之前对于"为什么"的回答是否仍然站得住脚。
4. 查明一些你已经做了但不必做的假设。你的哪些想法或价值观是你不必遵从的？
5. 不要只是认真思考，要做一些实际行动。

1 Marily Oppezzo and Daniel L. Schwartz, "Give Your Ideas Some Legs: The Positive Effect of Walking on Creative Thinking," *Journal of Experimental Psychology: Learning, Memory, and Cognition,* American Psychological Association, vol. 40, no. 4 (2014): 1142–1152.

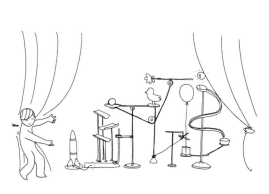

不应该有什么惊喜

你的导师或客户应该了解你在整个设计过程中的探索，永远不应该出现一种"大揭秘"的情况。如果最终的演示令人惊喜，那应该是因为之前探索的所有内容以一种令人愉快的协同方式汇聚在一起。

91

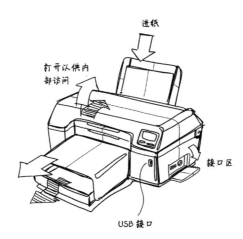

进纸

打开以供内
部访问

接口区

USB 接口

要标示功能，不要只展示形式。

　　画出转动中的铰链，而不仅仅是铰链。展示正被打开的抽屉，而不仅仅是抽屉。展示正在旋转的旋钮、正被拧开的盖子、正被掀起的翻盖。展示一只正在操作手持设备或拨动开关的手。展示按摩器的振动。画出斜倾的椅子、展开的折叠桌、搭起来的帐篷。展示灯的打开和关闭。

不要把你做过的每件事都展现出来

　　人们可能很想展现自己所有的图纸和研究来打动评审员。但这不会帮助他们了解你是如何看待问题、进行研究、评估概念或得出解决方案的。精选你的资料，只展现那些能帮助你呈现连贯叙事的材料。把重点放在你在设计过程中的关键阶段，让观众相信你的解决方案真的很有创意。

93

问题
对指定问题的理解和框架 / 重构

过程
备选方案的研究 / 数据收集、生成和评估

产品
最终解决方案的质量和适宜性

演示
图形、模型和口头沟通的质量

对学生项目评估的常见类别

让收到的批评变成你的优势

　　造访设计工作室的评论家常常难以理解设计课程里指定的项目、导师的意图和一些相关问题。你要帮助他们找出批评的对象。你要表明设计任务的重点，这样他们就不会在错误的地方浪费时间。准备一份让他们解答的问题清单，而不仅仅是回应他们的批评。你要强调正在努力钻研或解决的事情、需要进一步探究的问题以及你希望得到指导的备选方法。

今天早上，一头死去的小鲸鱼被冲上岸。它的体内是一堆塑料垃圾，其中一些来自你的厨房。

我们每年向海洋排放 100 万吨塑料垃圾。我们将通过五个阶段的计划来解决这个问题。

故事

强调情感和个人情境

论据

强调事实、逻辑和分析

用故事来说服，而不仅仅是论据。

在演示时，从**基于用户的叙事**开始，讲述潜在客户的体验和痛点。这种叙事可能具有特殊性，而且只聚焦于少数特定的用户，但它最终应该体现出对问题及其情境的同理心，如同许多用户所经历的那样。

接着，切换到**基于设计的叙事**，讲述你作为设计师如何参与、研究、分析和解决问题。讨论你如何有效利用信息和洞察力、你的各种设计假设、原型的失败和成功情况，以及你得出的解决方案。这个叙事最终应提出一个合乎逻辑且令人信服的论据。

返回并综合基于用户的叙事。展示你的解决方案如何解决用户的痛点，以及它将如何自然地融入用户的生活情境。

产地	中国	芝加哥
零售价	350 美元	35 美元
制作工艺	焊接、注塑成型、组装	裁剪、缝制
材料	钢、塑料、电子	皮革、线
最小订货量	1 000	50
运输成本	40 美元	8 美元

让你的第一件产品小巧轻便

自主推出新产品通常是设计师的第一次商业尝试。简单的产品是最好的；即使不成功，与通过深思熟虑的概念性项目相比，你也会学到更多关于工程、演示、采购、生产、营销、运输和客户服务方面的知识。

选择一种制造成本低廉且易于运输的产品。一种需要启动资金进行大规模生产的产品，例如注塑成型的手机壳，比一种可以以合理的单价小批量生产的钱包风险更大。大而重的物品，例如家具，会产生高昂的运输和库存成本。

版权

通常在创作者去世后 50~70 年
（不同国家规定不同）内有效

美国注册商标

可能无限期有效

商标

未注册，可能会也可能不会受到保护

实用专利

20 年

外观设计专利

15 年

保密协议

保护向潜在合作伙伴和投资者展示的创意

知识产权保护

利用专利来保护你的商业利益，而不是你的情感利益。

创意是个人的；通过在美国专利及商标局注册来保护创意，似乎是保护人们对其进行情感投资的一种方式。但是，知识产权保护的真正好处是经济上的。

实用专利授予创作者对产品、工艺、技术或机制的某项功能改进的合法所有权。这可能代价高昂，但如果获得美国专利及商标局的批准，专利持有人可以合法地阻止竞争对手复制或使用这项改进专利，向他人收费或许可其使用，或直接出售。

外观设计专利保护的是美学或装饰性元素，而不是功能。它比实用专利更容易获得，但可能难以保护，因为竞争对手可以销售非常相似的设计。

临时专利是在等待美国专利及商标局批准或拒绝期间，暂时防止他人使用一个已提交专利申请的创意。

97

平台	内容	曝光度	目标受众
 在线作品集／网站	完整的项目细节	低	行业专业人士
 社交媒体	单张图片 或项目概览	高	个人网络、大众
 设计竞赛	完整的项目细节	低到中等	行业专业人士

你根本不认识的人可能比你熟悉的人更有帮助

在寻求专业联系、工作面试、客户和社会关系时，我们很自然地依赖于熟悉的人：朋友、家人、同学、教授和同事。但是，你认识一个人的时间越长，就越有可能已经从他们提供的关系和机会中受益。陌生人和近乎陌生人的人——那些你不认识但与你有共同联系的人——拥有完全不同的社交和职业网络，可能充满新的可能性。

商业产品设计师

用户界面 / 用户体验设计师

展览设计师

技师

设计师创业者

设计研究者

产品设计职业

不要过于在意你的第一份工作

在你职业生涯的早期，你很可能不知道自己最擅长哪些产品设计领域，哪些领域具有市场持久性，哪些领域能够保持你的兴趣。

没有正确的起点。你要尽可能地在许多不同领域积累经验。走出舒适区。要擅长很多事，而不是只擅长一件事。当你找到你想做的那件事时，之前发生的一切都会为之提供信息，并使之更充实。

更人性化

人际交往能力
情感理解，主体间互动，共情；以人为中心去解决问题；以用户无法做到的方式为其提供价值

解决问题的技能
抽象的智力技能，包括分析、概念思维和设计备选方案的生成

身体技能
应用已知的原则；技术操作；绘图；原型制作、制造、装配、服务及维修

更具体化

技能图腾

终极技能不是设计能力，而是理解能力。

学校通常侧重于培养学生的身体和智力技能，这可能意味着这些技能将培养出一位完全成熟的明星设计师。但是，一位专业设计师所拥有的最高级技能是读懂和解释人们的想法，并且以谦逊和共情的态度，知道人们需要或想要什么，甚至比人们自己知道的更清楚。

100

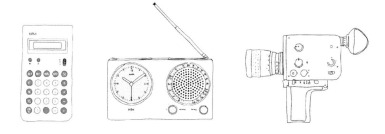

迪特·拉姆斯设计的产品

即使你没有试图让作品看起来像你，它仍会反映出你的风格。

　　自我表达，就其在设计中占有一席之地而言，并不是为了追求你认为表达出"你"的结果，而在于尽可能真诚、敏感和彻底地研究问题，并且在每一种情况下做出最恰当的决策，无论你是否认为它表达了你是谁。当你没有刻意表达自己时，无论结果如何，都毫无疑问是"你"。

致谢

来自马丁和张诚

感谢克赖顿·伯曼、崔卡伦及其家人、戴尔·法尔斯特伦、戴维·格雷沙姆、克里斯·哈克、金泰正、小泉江田、理查德·莱瑟姆、斯蒂芬·梅拉米德、比尔·莫格里奇、彼得·普凡纳、扎克·皮诺、克雷格·桑普森、莉萨·塞勒及其家人、斯科特·威尔逊和罗伯特·佐尔瑙。

来自马修

感谢卡拉·黛安娜、索切·费尔班克、马特·英曼、詹姆斯·拉德、豪尔赫·帕里西奥、埃里克·塔夫特。